LES

CRÉOSOTES OFFICINALES

PAR

M. A. BÉHAL

PROFESSEUR AGRÉGÉ A L'ÉCOLE DE PHARMACIE

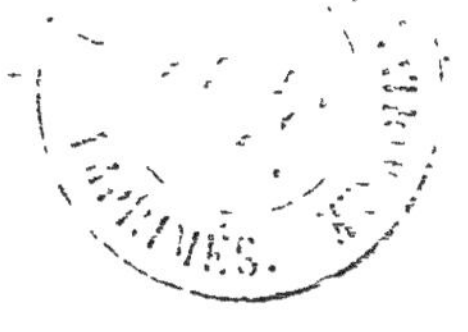

PARIS

GEORGES CARRÉ, ÉDITEUR

3, RUE RACINE, 3

1895

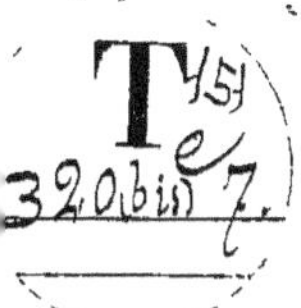

LES CRÉOSOTES OFFICINALES

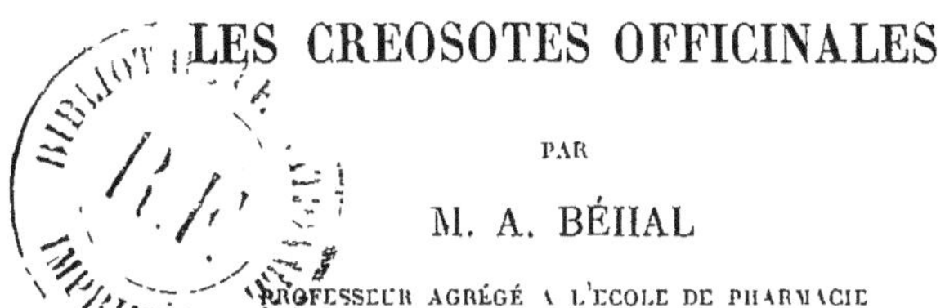

PAR

M. A. BÉHAL

PROFESSEUR AGRÉGÉ À L'ÉCOLE DE PHARMACIE

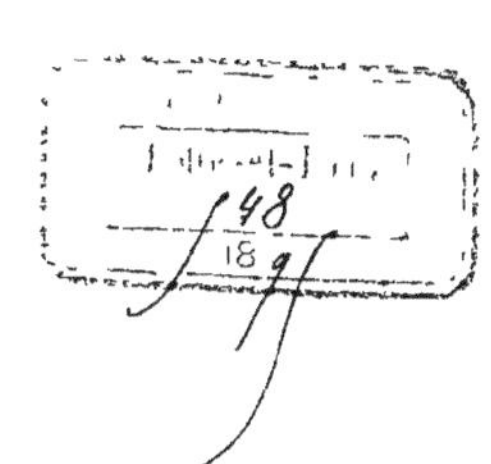

La créosote tire son nom de κρέας chair, σώζω je conserve, mot qui rappelle une de ses premières applications. Malgré ses propriétés conservatrices, elle n'a pas conservé son nom. elle devrait, en effet, d'après son étymologie, s'appeler *créasote*.

On désigne sous le nom de créosote un mélange de phénols et de corps à fonction phénolique.

D'après leur origine, on distingue deux classes de créosotes : les créosotes de houille et les créosotes de bois.

Les premières ne contiennent pas de dérivés de la pyrocatéchine et se distinguent ainsi nettement des créosotes de bois.

Nous ne nous occuperons ici que des créosotes de bois de hêtre et de bois de chêne.

La découverte de la créosote de bois remonte à 1832 ; elle est due à Reichenbach. Il la considérait comme un corps défini, et lui donnait comme point d'ébullition 203 degrés, et comme densité 1037 à 1040.

Plus tard, Hlasiwetz, en traitant la créosote de hêtre par la potasse alcoolique, obtint un précipité cristallin. Il l'isola, le décomposa par l'acide chlorhydrique et obtint deux corps. L'un le créosol, ainsi nommé à cause de son origine, et l'autre le gayacol qu'il identifia avec un corps déjà obtenu dans la distillation de la résine de gayac.

En 1868, Marasse entreprit un travail qui peut être considéré pour l'époque comme un modèle du genre. Pensant ne pouvoir isoler de la créosote aucun principe cristallisé, il employa une méthode détournée dont le principe est dû à M. Baeyer et que voici.

Quand on chauffe un corps à fonction phénolique avec la poudre de zinc, on obtient le carbure correspondant au phénol. Ainsi, le phénol ordinaire, distillé sur la poudre de zinc, donnera de l'oxyde de zinc et du benzène

$$C^6H^5OH + Zn = ZnO + C^6H^6.$$

La poudre de zinc n'agit pas sur les fonctions éthers de phénols ; en effet, l'anisol soumis à ce traitement reste intact.

Un corps qui renferme à la fois une fonction phénol et une fonction éther méthylique de phénol, perdra dans ces conditions sa fonction phénol. C'est ainsi que le gayacol donne l'anisol

$$C^6H^4 \Big\langle \begin{matrix} OH \\ OCH^3 \end{matrix} + Zn = ZnO + C^6H^5OCH^3.$$

Marasse séparait par distillation la créosote en différentes portions, et sur chacune d'elles faisait réagir la poudre de zinc. Il isola ainsi l'anisol, le benzène, le toluène, etc., et il conclut à la présence dans la créosote des corps suivants : phénol, gayacol, créosol, crésylol et un corps qu'il désigna sous le nom de phlorol.

Il isola le phénol en nature et caractérisa le crésylol, comme étant un dérivé para. Pour cela la fraction de la créosote bouillant vers 203 degrés fut méthylée et l'éther obtenu fut oxydé ; il donna de l'acide anisique, corps de constitution bien connue, conduisant à considérer le crésylol d'où l'on était parti comme étant le paracrésylol.

$$CH^3 - O - C^6H^6 - CH^3 + O^3 = H^2O + CH^3 - O - C^6H^4 - CO^2$$
$$\underset{\text{Crésylol}}{(4)} \qquad\qquad (1) \qquad\qquad (4) \qquad \underset{\text{Acide anisique}}{} \qquad (1)$$

Hofmann a étudié plus tard les produits à point d'ébullition élevé, contenus dans la créosote, mais ces corps n'entrent pas dans la composition de la créosote officinale.

La question en était là, lorsque M. Choay et moi avons entrepris de rechercher les éléments constitutifs de la créosote, de les isoler à l'état de nature et de pureté, sans mettre en œuvre les réactions un peu violentes de Marasse qui peuvent donner naissance à des transpositions moléculaires.

Voici la méthode que nous avons suivie. Nous avons d'abord préparé synthétiquement tous les monophénols qui peuvent normalement exister dans la créosote ; nous en avons fait les éthers benzoïques ; et de même nous avons préparé synthétiquement l'éther monométhylique de la pyrocatéchine : le gayacol.

Nous nous sommes ensuite appliqués à préparer une créosote qui fut à l'abri de toute critique.

M. Scheurer-Kestner, que nous sommes heureux de pouvoir remercier ici, a bien voulu mettre à notre disposition une provision d'huile lourde de hêtre pure, et M. Barré, que nous remercions également, nous a donné une quantité d'huile lourde de chêne qui a suffi à nos expériences.

Ainsi en possession de produits purs, nous en avons cherché la composition qualitative en déterminant chacun des éléments constitutifs.

Connaissant la composition qualitative, nous en avons ensuite effectué l'analyse quantitative.

Tel a été le plan de notre travail ; ce sera aussi celui de cette conférence.

Synthèse des monophénols et préparation de leurs benzoates. — Un mot rapide sur la préparation synthétique des monophénols et leurs propriétés.

Nous avons employé la méthode générale qui consiste à traiter les amines par l'acide azoteux en présence d'acide sulfurique.

Il se forme, dans cette action, le phénol correspondant à l'amine, de l'eau et il se dégage de l'azote.

$$C^6H^5AzH^2 + AzO^2H = C^6H^5OH + Az^2 + H^2O.$$

Cette réaction est très générale, et tous les phénols synthétiques que nous avons obtenus ont été préparés de cette façon ; plusieurs d'entre eux nous ont retenus quelque temps : je ne citerai pour exemple que le métaéthylphénol.

Pour le préparer, on part de l'éthylbenzène obtenu synthétiquement par le procédé de MM. Friedel et Crafts, en faisant réagir le bromure d'éthyle sur le benzène, en présence du chlorure d'aluminium ; ce corps traité par l'acide nitrique donne deux dérivés nitrés, l'orthonitro-éthyl-benzène

$$C^6H^4 \diagup_{\diagdown\ AzO^2\ (2)}^{C^2H^5\ (1)}$$

et le paranitroéthylbenzène

$$C^6H^4 < \begin{matrix} C^2H^5 & (1). \\ AzO^2 & (4) \end{matrix}$$

Le mélange des deux dérivés nitrés, a été traité par le fer et l'acide acétique, et a donné les deux amines correspondantes.

Ces corps, sous l'action de l'anydride acétique, ont été transformés en dérivés acétylés.

et

$$C^6H^4 < \begin{matrix} C^2H^5 & (1) \\ AzH - CO - CH^3 & (4) \end{matrix}$$

$$C^6H^4 < \begin{matrix} C^2H^5 & (1) \\ AzH - CO - CH^3 & (2) \end{matrix}$$

Ces deux composés se séparent facilement l'un de l'autre ; l'ortho dérivé est soluble dans l'eau, le para est au contraire peu soluble à froid.

Il s'agit maintenant d'obtenir le dérivé 1. 5. Pour cela, partons du dérivé acétylé para, que nous avons obtenu à l'état de pureté.

Nous traitons ce corps par l'acide azotique à froid, il y a nitration, le groupe AzO^2 se fixe dans la position méta par rapport au groupe éthyle et il forme le composé.

$$C^6H^3 < \begin{matrix} C^2H^5 & (1) \\ - AzO^2 & (3). \\ AzHCOCH^3 & (4) \end{matrix}$$

Par ébullition avec la soude il y a saponification et formation d'acétate de sodium avec mise en liberté de *métanitroéthylaniline*,

$$(1) \qquad C^2H^5 \; C^6H^3 < \begin{matrix} AzO^2 & (3) \\ AzH^2 & (4) \end{matrix}$$

Cette base isolée sera traitée par l'acide azoteux en présence d'alcool absolu, ou mieux par le nitrite d'amyle. Le groupe AzH^2 sera remplacé par un atome d'hydrogène et on obtiendra le métaéthylnitrobenzène.

Pour le transformer en phénol, on réduira le groupe AzO^2 par le fer et l'acide acétique ; on traitera ensuite l'amine obtenue par le nitrite de sodium et l'acide sulfurique, et on aura enfin le métaéthylphénol.

Vous voyez combien est longue cette méthode et combien délicate, mais elle donne toujours des produits purs ; en effet, les dérivés acétylés des amines cristallisent très bien et sont, par suite, faciles à purifier.

Citons maintenant deux des propriétés des monophénols.

Les monophénols se colorent presque toujours par le perchlorure de fer ; mais ce n'est pas une propriété générale, le métaxylénol 1, 3, 5, en effet, ne se colore pas sous l'influence de ce réactif.

Pour réaliser cette réaction, il faut opérer en solution aqueuse et se servir d'une solution de perchlorure de fer très étendue (pas plus de deux gouttes dans 20 centimètres cubes d'eau).

Dans d'autres conditions, les réactions sont différentes et l'on obtient des colorations vertes, jaunes, bleues, noires, etc., le perchlorure de fer pouvant agir comme agent d'oxydation.

La deuxième propriété a rapport à la créosote. Le codex dit que la créosote ne doit pas coaguler le collodion ; on pourrait croire que cette propriété vise exclusivement l'absence du phénol ordinaire, il n'en est rien : tous les monophénols coagulent le collodion.

Voyez le métaxylénol : nous en versons une goutte dans le collodion, vous voyez immédiatement se former un coagulum. Voici l'orthoéthyl-phénol : il se comporte de même.

Voici effectuées les synthèses des monophénols.

Quelques-uns d'entre eux sont liquides et il est nécessaire d'avoir des corps solides pour faire une bonne identification, rien n'étant précis comme un point de fusion. Nous avons donc cherché des dérivés immédiats des phénols possédant l'état cristallin, et nous les avons trouvés dans les éthers benzoïques qui cristallisent tous, à l'exception du benzoate d'orthocrésyle.

Nous avons préparé ces benzoates en nous servant d'une méthode qui a été appliquée par M. Baumann aux alcools. On dissout le phénol dans une solution aqueuse de soude, on ajoute à cette solution un peu plus que la quantité théorique de chlorure de benzoyle nécessaire pour faire l'éther. On laisse en contact en agitant de temps en temps jusqu'à ce que l'odeur du chlorure d'acide ait disparu. On épuise au moyen de l'éther ordinaire, on sèche sur le chlorure de calcium et l'on distille au bain-marie.

Le résidu de la distillation est, à son tour, distillé à feu nu à la pression ordinaire.

Le benzoate recueilli entre les limites de température voulues cristallise. On peut le purifier par cristallisation dans l'alcool à 95 degrés.

Ces benzoates sont tous cristallisés à l'exception du benzoate d'ortho-crésyle ; ils sont solubles dans les dissolvants organiques.

Ils distillent sans décomposition sous la pression ordinaire.

Ils ne se colorent pas avec le perchlorure de fer.

Occupons nous maintenant des diphénols ; ceux-ci n'existent pas dans la créosote à l'état libre mais sous forme d'éthers monométhyliques.

Le gayacol a été préparé synthétiquement par *Gorup-Besanez* en faisant agir sur la pyrocatéchine, le méthylsulfate de potassium.

$$C^6H^4 \begin{cases} OH \\ OH \end{cases} + SO^2 \begin{cases} OK \\ OCH^3 \end{cases} = C^6H^4 \begin{cases} OH \\ OCH^3 \end{cases} + SO^4KH$$

Il obtint ainsi un gayacol impur, liquide incapable de cristalliser.

Pour en faire la synthèse, nous sommes partis de la pyrocatéchine qui est l'orthodiphénol ou phénediol 1. 2. Rien n'est plus facile que de le transformer en gayacol. Il suffit de traiter ce corps en solution dans l'alcool méthylique par le sodium ou la soude pour obtenir la pyrocaté-chine sodée.

$$C^6H^4 \begin{cases} ONa \\ OH \end{cases}$$

En faisant ensuite agir à chaud, sur ce produit, l'iodure de méthyle, on obtient du gayacol et de l'iodure de sodium.

$$C^6H^4 \begin{cases} ONa \\ OH \end{cases} + ICH^3 = NaI + C^6H^4 \begin{cases} OH \\ OCH^3 \end{cases}$$

Ceci est une réaction théorique : au point de vue pratique, les choses sont moins simples.

Quand on veut méthyler la pyrocatéchine ou la résorcine, la réaction est plus complexe.

Si on traite un de ces diphénols sodés par l'iodure de méthyle, on obtiendra à la fois des éthers monométhyliques et diméthyliques, en même temps qu'une partie du diphénol restera non attaquée.

Si nous considérons les poids des produits obtenus à la fin de l'opération, nous verrons que la réaction se fait sensiblement suivant l'équation :

$$4C^6H^4 \begin{cases} OH \\ ONa \end{cases} + 4CH^3I = 2C^6H^4 \begin{cases} OH \\ OCH^3 \end{cases} + C^6H^4(OCH^3)^2 + C^6H^4(OH)^2$$
$$\text{gayacol} \qquad \text{vératrol} \qquad \text{pyrocatéchine}$$

On trouve environ la moitié du gayacol théorique, un quart de vératrol et un quart de pyrocatéchine non attaquée.

Pour extraire le gayacol, on distille l'alcool méthylique, on neutralise au moyen de la lessive de soude, on entraîne le vératrol à la distillation avec la vapeur d'eau, le gayacol reste dans la cucurbite à l'état de sel alcalin; on acidule par l'acide chlorhydrique et on entraîne de même le gayacol mis en liberté. La pyrocatéchine reste avec le chlorure de sodium.

Le gayacol a l'état de pureté est solide, il possède une odeur agréable de vanille, il fond à 33 degrés et bout à 205. Il présente une propriété singulière, qui appartient également à un certain nombre d'autres corps, son point de fusion ne coïncide pas avec son point de cristallisation. La physique nous dit que ces deux points concordent, ce n'est pas toujours vrai, à moins de précautions spéciales; ainsi le gayacol. qui fond à 33 degrés, donne comme température de cristallisation 28 degrés. Ceci tient à ce que le gayacol met longtemps à cristalliser, et que la chaleur de cristallisation n'est pas suffisante pour lutter contre l'abaissement produit par l'atmosphère ambiante.

Ceci est la partie synthétique du travail; abordons maintenant la partie analytique. Et d'abord, voyons comment on prépare les créosotes. On se sert d'huiles lourdes, produits bruts de la distillation des goudrons de bois de hêtre ou de chêne (¹): la préparation est la même dans les deux cas.

L'huile lourde est un mélange de créosote, de carbures, de bases, d'acides, etc., sa réaction est acide.

On agite avec l'acide chlorhydrique étendu qui s'empare des bases; on décante, on agite la partie insoluble dans la solution acide avec une solution de carbonate de soude qui la prive des acides organiques (butyrique, propionique, acétique) dissous par la créosote et les carbures.

Il reste un mélange de carbures et de phénols, qu'on traite par la soude étendue en présence d'une certaine quantité d'eau. Cette précaution est nécessaire, parce que les phénates alcalins en solution concentrée pourraient dissoudre les corps neutres. Les phénols se dissolvent; les carbures surnagent; on les décante et on agite la solution alcaline avec du benzène qu'on enlève à son tour.

On a ainsi des phénols sodés qu'on traite par l'acide chlorhydrique; les phénols surnagent. Ce qui reste en solution en est retiré par le benzène; on distille enfin et on obtient l'ensemble des phénols contenus dans l'huile lourde: c'est la créosote. Comment obtenir une créo-

---

(¹) L'industrie utilise pour la fabrication de l'acide acétique beaucoup d'autres bois, le bouleau, le charme, etc., et leurs créosotes se trouvent mêlées dans le commerce aux créosotes de hêtre ou de chêne.

sote officinale. Il faut d'abord savoir ce qu'on entend par ces mots. Pour cela, il suffit de consulter les différentes pharmacopées.

Elles ne s'entendent pas sur les caractères que doit posséder la créosote.

La créosote française doit bouillir de 200 à 210°; l'allemande de 205 à 220°; la Suisse de 200 à 220°; la Roumanie, le Portugal, l'Espagne et la Belgique la considèrent comme un corps défini, bouillant à 203°.

Si nous recueillons ce qui passe de 200 à 220°, nous aurons tout ce qui pourrait se trouver dans les créosotes officinales des différentes pharmacopées. C'est sur ce produit, qui est, en somme, la créosote suisse, que nous avons opéré.

Si l'on sépare par distillation la créosote de hêtre, en deux portions, l'une passant de 200 à 210°, l'autre de 210 à 220°, on trouve que ces deux portions ont même densité (1085) et que pour 1000 grammes de la première il y a 367 grammes de la seconde. La créosote de chêne donne, de 200 à 210°, un corps de densité plus faible = 1068.

Pour procéder à l'analyse de cette créosote officinale, il faut d'abord séparer les monophénols des éthers de diphénols. Pour cela, nous allons employer une réaction connue depuis longtemps, réaction qui porte le nom de Zeisel.

Quand on chauffe un éther méhylique de phénol avec l'acide iodhydrique, cet éther est saponifié, il se forme du phénol et de l'iodure de méthyle ; le gayacol dans ces conditions donne la pyrocatéchine.

Cette réaction n'est pas pratique en grand, l'acide iodhydrique est cher, de plus il a une action réductrice.

Nous avons trouvé que l'acide bromhydrique à 100° atteint le même but. Plus tard, nous avons reconnu que l'acide chlorhydrique saturé à 0° et chauffé à 180° en autoclave, peut également servir d'agent de déméthylation.

Les monophénols sont facilement entraînés par la vapeur d'eau, les diphénols ne le sont pas. Si donc nous chauffons une créosote avec l'acide chlorhydrique, nous obtiendrons un mélange de mono- et de diphénols libres, qu'on séparera facilement par un courant de vapeur d'eau.

Pour étudier les monophénols ainsi isolés, il faut s'armer de patience. Il n'a pas fallu moins de cinq semaines d'un travail assidu de dix heures par jour, pour arriver à trouver à la distillation des points fixes.

Lorsqu'on a des points fixes, on a recours au tableau des phénols préparés synthétiquement; nous avons mis en regard les chiffres donnés par d'autres auteurs et ceux trouvés par nous.

Points de fusion et d'ébullition des monophénols et de leurs benzoates

| MONOPHÉNOLS | MONOPHENOLS | | | | BENZOATES | | | |
| | POINTS DE FUSION | | POINTS D'ÉBULLITION | | POINTS DE FUSION | | POINTS D'ÉBULLITION | |
	Indiqués	Trouvés par nous	Indiqués	Trouvés par nous	Indiqués	Trouvés par nous	Indiqués	Trouvés par nous
Phénol	40-41°	42,5-43°	180-188°,3	178°,5	68-69°	69°	314°	298-299°
Orthocrésylol	30-31°	30°	185-188°	188°,5	liquide	liquide	N (1)	307°
Métacrésylol.......	3-4°	4°	201°	200°	38°	54°	298-300°	313-314°
Paracrésylol.	36°	36°,5	198°	199°	70°	71°,5	N	315,5-316°
Orthoéthylphénol .	liquide	liquide	206-212°	202-203°	N	38°	N	314-315
Méta-éthylphénol .	liquide	—4°	202-204°	214°	N	52°	N	322-323°
Para-éthylphénol .	46-48°	45-46°	204-215°	218.5-219°	N	59-60°	N	328°
Orthoxylénol 1 2.3.	75°	73°	218°	212-213°	57°	58°	N	326-327°
Orthoxylénol 1.2.4.	62°,5	65°	225°	222°	N	58°,5	N	333°
Paraxylénol	74°,5	75°	211°.5	208-209°	N	61°	N	318-319°
Métaxylénol 1.3.4	26°	25°	211°,5	208-209°	N	38°,5	N	321°
Métaxylénol 1.3.5.	64°	63°	219°,5	218°	N	24°	N	326°
Métaxylénol 1.1.3.	74°,5	»	»	»	»	»	»	»

(1) La lettre N indique un point d'ébullition ou de fusion non connu ou un corps nouveau.

Nous cherchons, par exemple, les phénols qui passent à 200 degrés, nous en faisons les benzoates, nous rectifions ces benzoates en prenant, par exemple, la portion qui passe à 314 degrés, nous saponifions ce benzoate, le phénol libre est rectifié, puis transformé de nouveau en éther benzoïque et fractionné de nouveau sous cette forme ; la portion passant à 314 degrés est dissoute dans son poids d'alcool absolu refroidi par le chlorure de méthyle et enfin, amorcée avec le benzoate de métacrésylol, celui-ci ne tarde pas à cristalliser. On l'essore à froid, on le purifie en le faisant cristalliser dans l'alcool à 95 degrés, et on obtient le benzoate de métacrésyle d'où l'on peut extraire le métacrésylol à l'état de pureté.

Nous trouvons ainsi, dans la créosote, le phénol, l'orthocrésylol, le métacrésylol, le paracrésylol, l'orthoéthylphénol, le métaxylénol, 1. 3, 4, et le métaxylénol 1, 3, 5.

Passons maintenant à la recherche des éthers méthyliques des diphénols. On utilise, pour les séparer, la propriété qu'ont ces éthers de donner, avec les bases terreuses (CaO, SrO, BaO, MgO), des sels peu ou pas solubles dans l'eau.

La créosote est traitée par un lait de strontiane ; tous les phénols se combinent, les sels strontianiques des monophénols sont solubles dans l'eau, ceux des éthers monométhyliques des diphénols ne le sont pas. On exprime la masse, on la lave à l'eau, puis à l'alcool et on traite par l'acide chlorhydrique qui met les éthers en liberté.

Il faut maintenant recommencer la rectification, qui sera moins longue que tout à l'heure, car le produit est moins complexe. On trouve trois points fixes d'ébullition.

$$205 \qquad 220 \qquad 230$$

La partie qui bout à 205°, refroidie par le chlorure de méthyle et amorcée avec un cristal de gayacol, donnera un produit cristallin qui sera isolé.

Les portions bouillant à 220 et 230 degrés sont transformées en carbonates; pour cela, on les dissout dans la soude en excès, on fait passer un courant d'acide chloroxy-carbonique, jusqu'à précipitation de la majeure partie du produit. Ces diphénols se transforment en éthers carboniques.

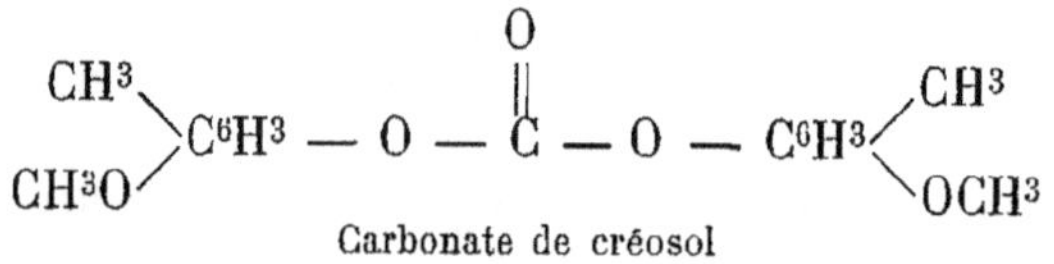

$$\begin{matrix} CH^3 \\ \diagdown \\ \\ \diagup \\ CH^3O \end{matrix} C^6H^3 - O - \overset{\overset{\textstyle O}{\|}}{C} - O - C^6H^3 \begin{matrix} CH^3 \\ \diagup \\ \\ \diagdown \\ OCH^3 \end{matrix}$$

Carbonate de créosol

Ces carbonates sont des corps qui cristallisent très bien. Celui de gayacol fond à 86 degrés; celui de créosol, fond à 143 degrés; saponifié, il donne le créosol tout à fait pur.

Le carbonate obtenu avec la portion qui bout à 230 degrés est insoluble dans l'éther et s'obtient rapidement à l'état de pureté; il fond à 108°5.

Saponifions ce carbonate, nous obtiendrons un homocréosol qui est un éthylgayacol 1, 3, 4.

L'un de nous a déterminé sa constitution, ce qui se fait très facilement. Il suffit d'oxyder le groupe, éthyle après avoir transformé sa fonction phénol en éther méthylique, pour obtenir un corps connu, l'acide vératrique.

Nous trouvons ainsi dans la créosote les éthers monométhyliques de trois diphénols, le gayacol, le méthylgayacol ou créosol et l'éthyl-gayacol.

Nous savons maintenant de quoi se compose une créosote. Il nous reste à établir la proportion relative des divers corps qui entrent dans la composition des créosotes de hêtre et de chêne.

Pour cela, on opère sur une quantité déterminée : 100 grammes, par exemple. On déméthyle par l'acide bromhydrique. On fait passer un courant de vapeur d'eau qui entraîne les monophénols et laisse les diphénols. On épuise, au moyen de l'éther, le liquide aqueux passé à la distillation ; on distille celui-ci, et on recueille les monophénols que l'on pèse ; le résidu aqueux qui n'a pas passé à la distillation est épuisé par l'éther qui, par distillation, laisse un résidu contenant les diphé-nols, dont on prend également le poids.

On peut établir la quantité de gayacol qui se trouve dans la créosote en se basant sur les indications suivantes :

La pyrocatéchine est presque insoluble dans le benzène, l'homo-et l'éthylpyrocatéchine sont, au contraire, très solubles.

Si on traite le mélange de ces corps par le benzène, on séparera la pyrocatéchine et on pourra déduire de son poids le poids du gayacol contenu dans la créosote.

Nous avons ainsi trouvé que la créosote de hêtre, passant à la distillation de 200 à 210 degrés, renferme en chiffres ronds :

Monophénols	40 0/0
Gayacol	25
Créosol et homocréosol.	35

La créosote bouillant de 200-220 degrés contient moins de gayacol et plus de créosol ; en chiffres ronds, elle renferme :

Monophénols	40
Gayacol	20
Créosol et homocréosol.	40

La créosote de chêne donne à l'analyse :

Monophénols	55
Gayacol	14
Créosol et homocréosol.	31

Il y a donc une différence entre ces deux créosotes, la première renferme plus de gayacol et moins de monophénols.

Au point de vue thérapeutique, la créosote de chêne sera plus caustique, puisqu'elle renferme plus de monophénols, les éthers monométhyliques des diphénols l'étant peu ou pas.

Pour avoir la composition complète de la créosote de hêtre, il y a lieu de rechercher quelles sont les quantités respectives des différents monophénols qui entrent dans cent parties de monophénols. On se base sur le poids des diverses portions passées à la distillation. Nous trouvons alors les chiffres suivants :

Phénol ordinaire	13	0/0
Orthocrésylol	26	0/0
Méta- et paracrésylols	29	0/0
Orthoéthylphénol	9	
Métaxylénol 1. 3. 4.	5	
Métaxylénol 1. 3. 6.	2,5	
Phénols divers non caractérisés	15,5	
	100	

Nous avons rangé autour des points fixes, les produits intermédiaires en les partageant en deux, et en attribuant la moitié au phénol possédant le point d'ébullition le plus élevé, et la moitié au phénol bouillant le plus bas. On ne peut pas faire autrement, car la distillation ne sépare plus ces corps. Il y a là peut-être une cause d'erreur, mais elle est la plus petite possible.

Transformons maintenant nos 40 p. 100 de monophénols en nous reportant à la composition centésimale des monophénols que nous venons d'établir ; nous arrivons à la composition complète suivante pour la créosote de hêtre officinale, bouillant de 200 degrés 210 degrés.

Phénol ordinaire	5,20 0/0
Orthocrésylol	10,40
Méta- et paracrésylols	11,60
Orthoéthylphénol	3,60
Métaxylénol 1. 3. 4.	2,00
Métaxylénol 1. 3. 5.	1,00
Phénols divers..	6,20
Gayacol	25,00
Créosol et homologues	35,00
	100

La créosote renferme bien à côté de ces phénols quelques dérivés sulfurés, probablement des thiophénols, et encore quelques autres produits, mais ils n'entrent pas en ligne de compte.

Vous voyez combien nous sommes loin des idées classiques ; on enseignait et on enseigne encore que la créosote contient de 60 à 90 pour 100 de gayacol, et nous trouvons dans une créosote certainement plus pure que la plupart de celles du commerce, seulement 25 pour 100 de ce produit.

Un mot maintenant des exigences des différentes pharmacopées. Le pharmacien est toujours disposé à considérer le codex comme une arche sainte, à laquelle nul ne peut toucher. Cependant, il est facile de se convaincre que cette arche ne contient pas toujours la vérité. Ouvrons la pharmacopée russe, nous y trouvons que le gayacol bout à 200-201 degrés, et que la créosote doit être recueillie de 205 à 220 degrés. On voit facilement qu'une telle créosote, si les données étaient exactes, ne peut pas contenir de gayacol, le phénomène d'entraînement tendant toujours à abaisser le point d'ébullition. Or, l'on considère la créosote comme devant son activité au gayacol.

D'autre part, en Roumanie, la créosote doit bouillir à une température fixe 203 degrés, et avoir une densité de 1037-1040. C'est une hérésie que d'exiger un point d'ébullition fixe pour un corps aussi complexe que la créosote. Bien plus, en suivant les prescriptions à la lettre, et en recueillant ce qui passe à 203 degrés, on ne peut obtenir un produit ayant une densité inférieure à 1070 degrés, à moins, toutefois, qu'on ne la prive préalablement de son gayacol.

Notre tâche est terminée. Il en reste une autre, celle d'étudier l'action physiologique des différents corps que nous avons isolés, et de déterminer, à ce point de vue, quelle part ils prennent à l'action thérapeutique de la créosote, pour arriver finalement à une créosote toujours semblable à elle-même, à une créosote synthétique.

Publié dans le volume des Conférences *du laboratoire de* M. Friedel, *édité chez* G. Carre, 3, rue Racine, Paris.

TOURS. — IMPRIMERIE DESLIS FRÈRES